最大限度
发挥文具的作用

②

哇！文具真的超有趣

剪切
工具

剪刀
美工刀

登场 文具

日本 WILL 儿童智育研究所 • 编著
马文赫 • 译

前言

　　本系列从大家平时在学校里经常使用的文具中挑选了 4 种，并分别对其进行了详细解说。我们希望大家可以了解如何根据自己的需求挑选文具，同时学会各种文具的正确握持方法，更灵活地使用文具。

　　在第二册《剪切工具》中，担任主角的是剪刀和美工刀。用来剪切的工具，如果使用不当，有可能会成为让自己受伤的"危险"工具，但这本书能够帮助你掌握正确的使用方法，熟练使用这些便捷的工具。

　　学会熟练使用剪切工具后，你会发现有很多东西都是无法单纯依靠自己的力量去制作的。熟练使用工具的能力，其实就是"生命力"。让工具和你内心丰盈的感性结合在一起，慢慢发现更多可以做的事、更多有乐趣的事，这多么精彩啊！

目　录

你知道吗?!
关于**剪刀**的那些事

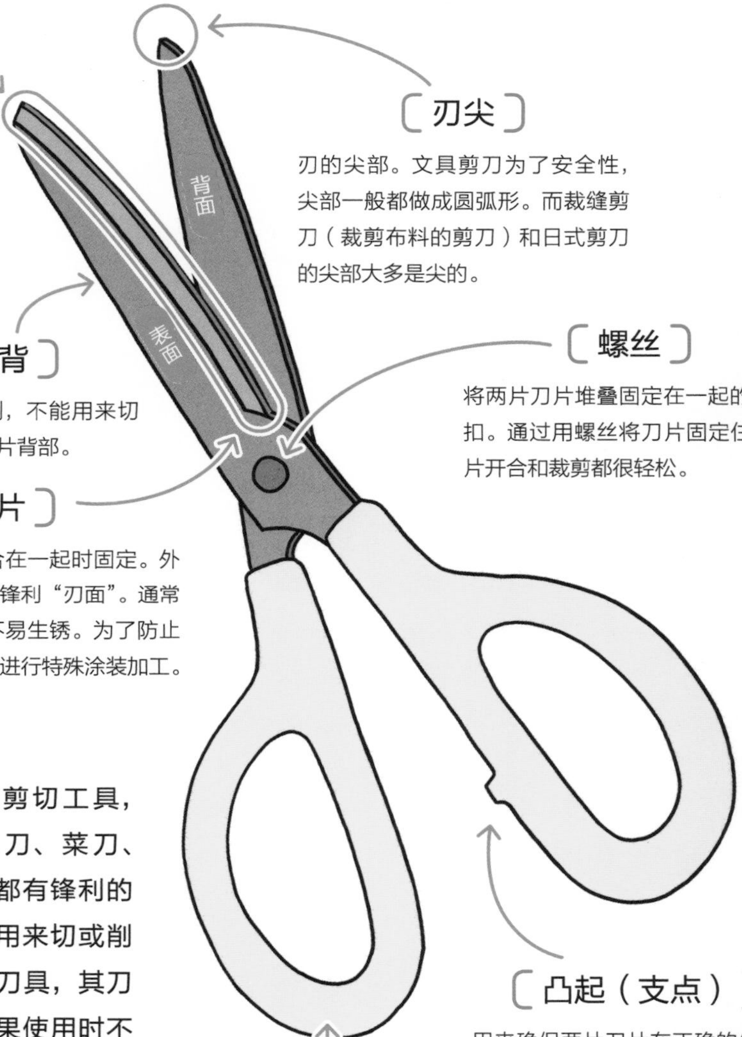

〔**刃面**〕

刀刃的一部分，有弧度并且很锋利。

〔**刃口**〕

两片刀片重叠时用来切割的部分（图中红色部分）。

背面

表面

〔**刀背**〕

刃面的另一侧，不能用来切割的部分。刀片背部。

〔**刀片**〕

两片金属板。内侧合在一起时固定。外侧的一边是有弧度的锋利"刃面"。通常使用不锈钢制造，不易生锈。为了防止沾上油污，还会对其进行特殊涂装加工。

〔**刃尖**〕

刃的尖部。文具剪刀为了安全性，尖部一般都做成圆弧形。而裁缝剪刀（裁剪布料的剪刀）和日式剪刀的尖部大多是尖的。

〔**螺丝**〕

将两片刀片堆叠固定在一起的金属扣。通过用螺丝将刀片固定住，刀片开合和裁剪都很轻松。

〔**凸起（支点）**〕

用来确保两片刀片在正确的位置重叠。有些剪刀上没有此部分。

〔**把手**〕

可以放入手指的部分。有两种类型的把手：一种是两个把手形状相同，从正面和反面握持都可以的左右对称型；另一种是为了裁剪时更省力而将两个把手设计成不同大小的左右非对称型。大多使用轻便又结实的塑料材质。

为什么要叫剪刀？

大多数剪切工具，如美工刀、菜刀、锯子，都有锋利的刀片。用来切或削东西的刀具，其刀刃都是直接暴露在外面的，如果使用时不多加注意，会非常危险。

但是剪刀不同，正如它名字的由来，它的特点是用两片刀片将物品"夹着切割"[1]，刀刃并不会暴露在外面。不管是携带还是使用，危险性都很低，是非常优秀的切割工具。

数剪刀数量时，一般是一把、两把这样数。也可以一柄、两柄这样数。

1 译者注：日语里"剪刀"（はさみ）是由"夹"（はさむ）这个动词演变而来的。

为什么剪刀用两片刀片切割？

文具剪刀的刀片有一定厚度，并不像美工刀或菜刀那么锋利。那么，为什么它可以利落地完成裁剪呢？秘密就在这两片刀片上。比如，在剪纸时，一片刀片从上往下运动，另一片从下往上运动，两片刀片分别接触纸张的正反面，通过向相反方向摩擦运动完成对纸张的裁剪。

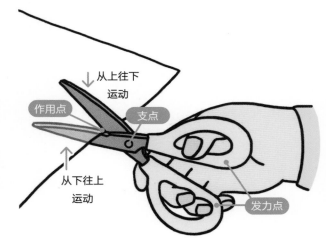

剪刀是根据什么原理进行裁剪的？

利用"杠杆原理"可以用很轻的力撬起重物的原理。这个原理涉及支点（支撑杠杆、不运动的点）、发力点（人对其施加力量的点）和作用点（承受力量的点）这三个点。支点离作用点越近，撬起物体需要的力量越小（如右图所示）。

剪刀也使用了"杠杆原理"。以中间的凸起为支点，手握着的地方为发力点，刀刃之间的地方为作用点。被裁剪物越靠近支点，裁剪需要的力量越小。

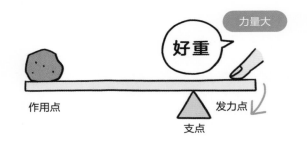

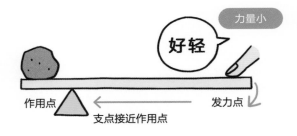

你知道吗？还有这样的故事

剪刀有 X 形和 U 形两种

剪刀主要有两种形状。一种就是我们日常使用的文具剪刀。这种剪刀以中间的支点为中心，打开时呈字母"X"的形状。另一种是"握式剪刀"，呈 U 字形。手持部分有弹性，用手握住就能让刀片重叠，从而进行裁剪。

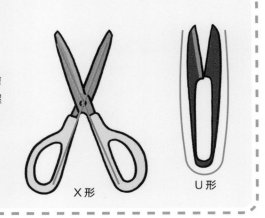

剪刀诞生的 秘密

日本似乎在距今约 1300 年前的奈良时代就已经开始使用剪刀了哦。

在青铜器开始出现的时代，剪刀也被发明出来，常用于剪线或剪羊毛。

剪切工具的进化

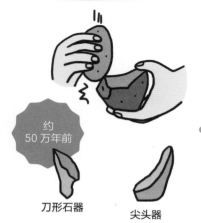

约 50 万年前

刀形石器　　尖头器

〔 打制石器 〕

打碎石头制作而成的工具。用更坚硬的石头敲打石头，做出锋利的"刀刃"，制成武器等。

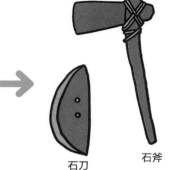

石刀　　石斧

〔 磨制石器 〕

打磨石头制成的工具。用石头或沙子打磨打碎的石头，制成表面光滑的刀具。已经变钝的刀具，可以通过打磨反复使用。

剪刀就诞生于这个时代！

青铜剑　　青铜矛

〔 青铜器 〕

将铜和锡合成制作的工具。在含有铜的原石中混入锡之后用火将它们熔化，再用锤子敲打做出形状，就制成了坚硬又美观的青铜工具。

剪切工具起源于何时？

起源于距今约 50 万年前的旧石器时代。据说，人类的祖先最早制成的工具就是刀具。而那个所谓的刀具就是"石头"。那个时代的人们开始将石头打碎后打磨成各种形状，来制成用于切割、刺穿和挖洞的各种工具。

农业始于距今约 25 000 年前的新石器时代，人们将打碎的石头进行打磨，制作出更易使用的工具，可以用于建造房屋或收割谷物等。

剪刀是何时发明出来的？

距今约 4000 年前，一直使用石制刀具的人类发现了铜等矿物（金属原石）。加热铜或青铜（铜和锡的混合物）使其软化，然后敲击并拉伸它，就制成了薄而锋利的刀片。剪刀就是在这个时代诞生的，接着在使用比铜更坚硬的铁的时代得到普及。因为剪刀比刀更方便和安全，所以被广泛用于裁剪布料和线、剪羊毛和剪头发甚至剪指甲。

都有哪些剪切工具是用铁制成的呢？

发现了刀！

世界上最古老的刀具，是在埃及的胡夫金字塔中发现的刀。该刀具是在距今约4500年前，人们用从宇宙落到地球的石头（铁陨石）打磨而成的。在那大约1000年之后，铁器才开始变得像现在这样普及。

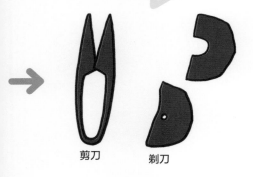

剪刀　　　　剃刀

〔铁器〕

比青铜器更坚固的工具。在学会加工比铜熔点更高的铁之后，人们渐渐可以制造出各种各样的剪切工具了。

日式剪刀其实是希腊的剪刀？！

裁缝剪线时常用的U字形"日式剪刀"，其实并不是发源于日本，最早使用这种剪刀的是约3000年前的古希腊人。这种剪刀传入日本，被制造成各种尺寸，不仅能剪线，也可以用来剪其他很多东西。

各种铁制剪切工具

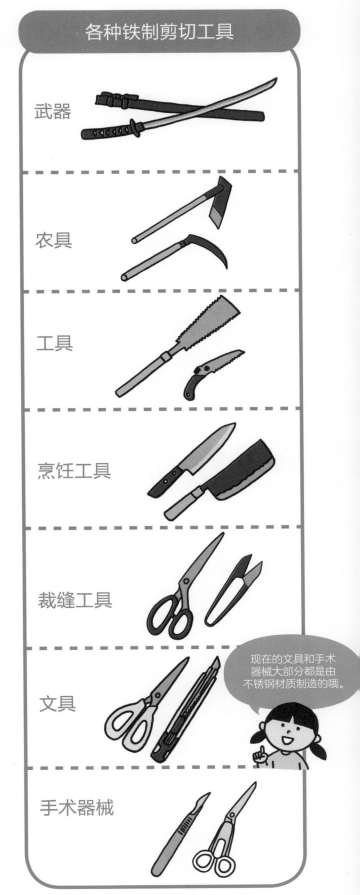

武器

农具

工具

烹饪工具

裁缝工具

现在的文具和手术器械大部分都是由不锈钢材质制造的哦。

文具

手术器械

7

剪刀图鉴

剪刀有各种用途，可以灵活用于各种场景和目的。为了更便于使用，更好地适应各种用途，人们在不断地改进剪刀并拓展其功能。

右手用　　　　左手用

常用的剪刀

在剪纸张或塑料布时常用的剪刀，分为右手用和左手用两种。两片刀片重叠的方向相反，分别适应两只手的发力方式。

小学生剪刀
小尺寸，刀片尖部呈圆弧形。把手也比较柔软。

手工剪刀
刀刃呈锯齿状，可以剪出波浪形。非常适合在做手工和制作贺卡时使用。

便携剪刀
适合外出时应急使用，具有非常方便的迷你尺寸。

带把手外壳的剪刀
方便握力弱的人、孩子和老人轻松使用。

剪报用剪刀
刀片长度大约22cm，可以沿着A4纸的短边（21cm）一下剪到底。

笔式剪刀
可以轻松放进铅笔盒里的笔形剪刀。

【文具剪刀以外的各种剪刀】

垃圾分类回收用剪刀
刀片很大，而且是弯曲的，可以轻松剪开用一般剪刀很难剪开的牛奶盒。

厨房剪刀
可以用来剪蔬菜、肉和食品包装袋，是一种可以代替菜刀的剪刀。

布料剪刀
用来剪裁布料的剪刀，一般称为裁布剪。为了让裁剪时下方的刀片可以一直贴在桌面上，两个把手的大小和形状都不一样。

美容剪
主要用于修剪眉毛。

《实物大小》

SO-350 STAINLESS PLUS

〔工程用剪〕

电工剪刀
用来剪室内线路的
电线或电线外皮等。

万用剪
地毯和钢板等都
能剪得动的剪刀。

金属剪
用来剪薄铁板或不
锈钢板等金属板。

〔农业·园艺用剪〕

〔医疗用剪〕

专业剪刀

为了适应各行各业
人士的工作需要而特别
制作的剪刀。

护士剪
为了不伤到患者,尖端
做成了圆弧形。

手术剪
为了满足不同手术位
置和手术方法的需
要,手术剪有各种不
同的刀片和形状。

修枝剪
用来修剪低矮树木的
叶子和细枝,整理树
木的形态。

高枝剪
用来修剪树木高处的
树枝,也可以用尖部
来摘树上的果实。

〔美容·理发用剪〕

牙剪
一边的刀片呈梳齿状,
方便控制修剪的发量。

平剪
这种剪刀的特征是修
剪时可以把小指搭在
把手上。

原来如此!·小知识

可以用剪刀剪玻璃!

你知道吗,如果是在水里,即使是普通的文具剪刀也可以剪玻璃
哦。玻璃由氧和硅构成,因为水可以破坏这种结构,所以如果在
水里用剪刀去剪玻璃的话,就可以将其剪碎。不过,这样会弄出
很多玻璃碎屑,很危险,所以千万不要真的去做这个实验哦。

参观剪刀工厂

一卷的重量大约有一吨呢！

材料

制作剪刀刀片的材料是不锈钢板。就像这样被卷成一卷一卷的。

岐阜县的关市自古以来就是日本的铁匠之乡，许多名刀都诞生于这里。如今，这里不再生产刀剑这样的兵器，取而代之的是剪刀和菜刀等生活刀具。剪刀到底是如何生产出来的呢？我们去"长谷川刀具"的工厂里探索了一番。

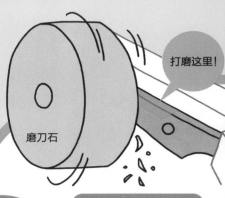

打磨这里！

磨刀石

打磨刀片外侧

这个部分

制作刀刃

打磨刀片外侧。斜着打磨，做出锋利的刀刃。

这是模具

检查刀片

检查打磨好刀刃的刀片。查看刀刃打磨的状态，仔细检查有没有裂痕或缺口等缺陷。

这一步就会把不锈钢板打磨出刀刃了哦。

安装把手

把刀片放在剪刀形状的模具上，盖上盖子，往模具里注入加热熔化的塑料，然后等待凝固。

打开盖子后，成型的把手是连在一起的，所以需要把它们剪开。

在这里打磨刀片的弧度。

工匠们一件一件地打磨刀刃。

连接两片刀片

在两片刀片中间插入被称为铆钉的蘑菇形螺钉，再从另一面将铆钉锤扁，确保刀片被固定住。

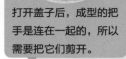

打磨刀口

锋利的刀刃在重叠时很容易撞出缺口，所以要用旋转的锉刀把刀口打磨出一点弧度。

切模

把钢板推到压床上，切出刀片的形状。

切出刀片的形状

工人们都戴了两层手套哦。

高温烧制

将切下的刀片放在每分钟仅行进 13cm 的传送带上，用大约 1000℃ 的高温烧制。这个步骤叫作"淬火"。

淬火机长约 15m。刀片在大约 2 小时的时间内缓慢穿过三个不同温度的区域。

打磨刀片内侧

用旋转的大磨刀石把刀片内打薄。这是决定剪刀制作成的关键步骤。

打磨内侧

这个部分

没有这个空隙话，就没办法裁剪哦！

缝隙

将剪刀立起来从侧面看的样子

两片刀片的内侧都打磨好之后，两片刀片中间会出现一道缝隙

烧制再冷却后的刀片，硬度是烧制前的 4 ~ 5 倍哦。

低温烧制

高温烧制后，再将冷却后的刀片放入另一个炉子进行 180℃ 左右的低温烧制。这样刀片就变得不易折断了。

锻造是什么意思？

锤打金属来提高其硬度，然后制作刀具等工具的过程被称为锻造。金属在加热后会变得柔软，可以通过锤打和拉抻将其做成各种形状，但如果要提高硬度和弹性，就需要不断重复冷却和加热的过程。

调整

由于淬火的状态和铆钉拧紧的程度存在差异，做出的剪刀的锐度也会有所不同，所以最后还需要对每把剪刀一一进行细微调整。

装箱

用布轻轻擦拭掉剪刀表面的灰尘，再次检查每把剪刀的状态，然后打包装箱。

出货

11

剪刀达人

① 学习一下关于剪刀的基础知识吧

剪刀的正确握持方法是怎样的？

可能很多人都不知道，其实剪刀是有标准的握持方法的哦。将大拇指伸进一边手柄的洞里，中指和无名指（或只有中指）伸进另一边手柄的洞里，食指放在中指这边手柄的上方，小指放在手柄下方。一般剪刀手柄上都有可以放食指的凹陷处，把食指放在那里就可以。因为有食指放在手柄外侧，打开和合上剪刀时可以保持稳定，而小指则加强了"杠杆"的力量，让我们使用剪刀时可以更省力。

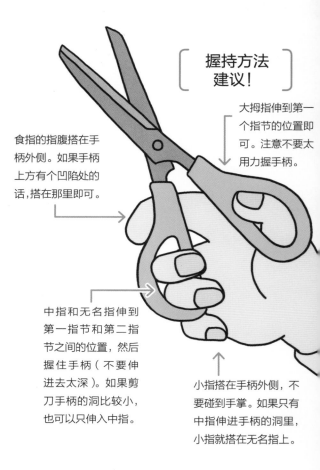

[握持方法建议！]

大拇指伸到第一个指节的位置即可。注意不要太用力握手柄。

食指的指腹搭在手柄外侧。如果手柄上方有个凹陷处的话，搭在那里即可。

中指和无名指伸到第一指节和第二指节之间的位置，然后握住手柄（不要伸进去太深）。如果剪刀手柄的洞比较小，也可以只伸入中指。

小指搭在手柄外侧，不要碰到手掌。如果只有中指伸进手柄的洞里，小指就搭在无名指上。

[正确的姿势]

直角

从上往下看时，只能看见剪刀背。

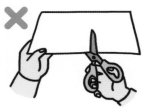

从上往下看可以看到剪刀刃。

刀尖朝着自己的手或是身体。

要点 **01** 纸张和桌面保持平行。一只手拿着纸的一角，另一只手拿着剪刀开始剪，剪的时候要让剪刀和纸张之间保持直角。另外，剪的时候刀尖不要一会儿朝上一会儿朝下。

要点 **02** 剪刀要放在身体正中的位置。大概离肚子20cm、离脸30cm以上。绝对不要把剪刀尖朝着自己的手剪。

要点 **03** 从上往下看时只看得见剪刀背的话，就说明姿势正确。如果能看到剪刀的刀刃，说明剪刀没拿正。如果刀刃是斜着的，就很难剪出直线。

该选择什么样的剪刀呢?

市面上称为小学生剪刀或手工剪刀的剪刀,都是适合小学生的握力和手指大小的,让小学生可以更省力、更轻松地进行裁剪。

大部分小学生剪刀的左右手柄形状都不一样。这是为了让孩子学会正确的握持方法,以及掌握正确的发力方式。这样等孩子长大一些,变得更有力气之后,就可以熟练使用左右手柄形状相同的剪刀了。

写给小学生的要点

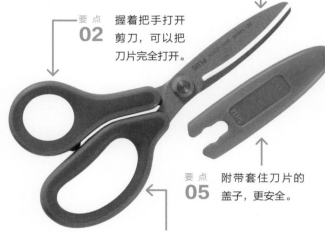

要点 01 要选择适合手和手指尺寸的剪刀。

要点 02 握着把手打开剪刀,可以把刀片完全打开。

要点 03 柔软的手柄不会把手指硌疼。

要点 04 刀片经过特殊加工,胶带或胶水等不容易粘在刀片上。

要点 05 附带套住刀片的盖子,更安全。

了解一下剪刀的正确操作吧!

检查 01 剪刀不要掉到地上

每把剪刀刀片的弧度和刀刃合上的状态都是单独调整过的,如果剪刀掉在地上,刀片可能会弯折或歪曲,导致剪刀不能正常使用。

检查 02 根据要剪的东西选择使用的剪刀

不要用文具剪刀去剪金属等硬物,有可能会使刀片出现缺口,导致剪刀不能正常使用。

检查 03 擦除污垢

如果不小心把胶带或胶水等黏的东西粘到刀片上,要用透明胶交仔细将其粘掉。如果是沾上了水或绘画颜料,就用抹布擦掉。

检查 04 一定要将刀片合上、盖好

用完剪刀一定要合上刀片,盖好盖子,并将剪刀放在干燥的地方。

把剪刀递给别人时……

别人向我们借剪刀的时候,该怎么把剪刀递给别人呢?如果有人不清楚答案的话,就很可能会用危险的方式把剪刀递给别人哦。基本的要求是,拿着剪刀时要把刀片合上,并且要握着刀片这一端。最安全的方式是把剪刀放在对方附近的桌面上。如果直接递给对方,也一定要握着刀片这端,把手柄递给对方。

来,给你!

剪刀达人

②来，试着剪一剪吧！

剪长直线

需要在大张的纸或印刷品上笔直裁剪，或是想利落地裁剪包装纸时可以用到的技巧。

1. 将剪刀大大打开。
2. 确定剪刀的方向，使刀片和要剪的线在一条直线上。
3. 把纸放到刀片根部，慢慢开始剪。
4. 刀片快要完全合上的时候，再大大打开，继续剪。

剪锯齿形

试着剪剪大锯齿吧。如果要剪小锯齿，只要使用刀刃是锯齿形的锯齿剪刀就可以轻松完成了。

1. 剪第一条线时，要拿好纸，使这条线从自己的角度来看是笔直的。
2. 打开剪刀开始剪，在锯齿拐弯处停下。
3. 剪刀的位置保持不变，轻轻转动纸张，剪下第二条线，从自己的角度来看线还是笔直的。
4. 重复步骤②~③。

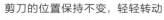
锯齿剪刀

剪的时候不是移动剪刀，而是移动纸张哦。

笔直！

笔直！

剪圆形或曲线

在剪圆形或曲线时，要保持剪刀的位置不变，同时慢慢地转动纸张。

1. 确保剪刀笔直朝向前方，然后将剪刀大大打开。
2. 配合要剪的路径，把纸放到刀片根部。
3. 一边慢慢合上剪刀，一边按照想剪的路径转动纸张。
4. 重复步骤②~③。

秘诀是拿着纸的那只手要配合曲线的弧度有节奏地慢慢转动。

笔直！
笔直！

镂空

〔 开洞法 〕

不用美工刀，想直接用剪刀剪开的时候，要使用刀尖比较尖的剪刀。

1 使用刀尖比较尖的剪刀。在想剪的线上下两端各用刀尖戳一个小洞。

2 把刀尖插进小洞里，沿着想剪的线慢慢把纸剪开。

3 剪出一个大一点的开口后，把刀片伸进去继续剪，剪到转角处转动纸张，改变纸的方向后继续剪。

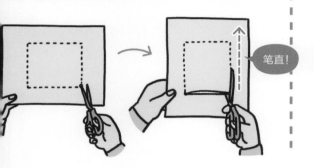

笔直！

〔 对折法 〕

如果要剪的是左右对称的图形（对折时，左右两边的图形会完全重叠），只要把纸对折就可以了。

1 将纸对折，画出想剪的图形一半的形状。

2 保持折叠的状态，沿线剪开。

3 剪完之后把对折的纸打开。

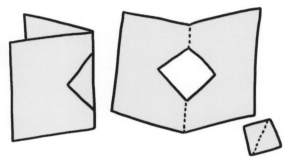

剪布料

裁缝剪刀的使用方法和文具剪刀的使用方法略有不同。使用裁缝剪刀时，要把剪刀下方的刀片贴在桌面上进行裁剪。

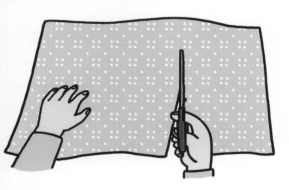

1 把布料铺在桌面上。

2 不拿剪刀的那只手按住要剪的布料。

3 把下方的刀片贴在桌面上，剪的时候尽量不要让刀背离开桌面。

4 裁剪时使用刀刃根部到中间的部分，每次剪的时候不要让两片刀片完全合上，慢慢往前剪。

※ 如果需要剪曲线，则要使用刀刃尖部进行裁剪。

剪线

U 形剪刀的刀刃始终处于打开状态，不用每次裁剪都自己打开刀片。在做手工时用来剪线非常方便。

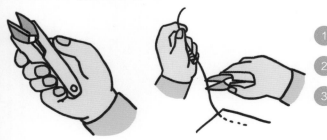

1 握住剪刀，将大拇指和食指放在剪刀两侧。

2 用大拇指和食指按压剪刀合上刀刃。

3 让线和刀刃垂直，然后用刀刃剪断它。

剪刀达人

3-1 试着剪剪纹样吧

"纹样"是什么？

"纹样"是日本各个家族自古传下来的家族标志。平安时代的贵族们会在自己的衣服、小物件和牛车等物品上，印上自己喜欢的纹样作为装饰和身份的标志。战国时代，武将们会在军旗和盔甲上使用"纹样"，江户时代的市民们也会依照植物或动物的形象绘制代表自家的"纹样"。

"纹样"总共有两万种左右，其中有很多至今仍作为公司标志或和服花纹被广泛使用。

〔 纹样剪纸书 〕

江户时代的纹样剪纸书。匠人们在绘制纹样时经常使用。

〔 U 形剪刀 〕

基本上就是体积大一些的剪线剪刀。以前，人们也用这种剪刀来剪纸。

基本方法是将纸折起来再剪

把正方形的纸沿对角线对折两次，折成三角形，把三角形的尖剪掉后再把纸打开，纸上就出现了一个正方形的洞。如果把纸沿中线对折，折成长方形，再剪出三角和半圆的形状，打开之后纸上就出现了菱形和圆形的洞。运用这些方法，就能制作出复杂的纹样。不仅是江户时代，在之后的明治和大正时代，甚至昭和时代初期，这种"纹样剪纸"的游戏都十分受孩子们的欢迎。

什么是纹样剪纸？

在江户时代，人们会在衣服、门帘、家具、灯笼、伞等各种物品上印上纹样，以表示这是自己的所有物。当时的匠人们创作了各种各样的纹样图案，还出版了收录各种可以雕刻在木制品上或缝制在布料上的"纹样"图案的书籍，于是"纹样剪纸"这种娱乐活动也应运而生。把纸折起来，按照书上的纸样去剪，再把纸打开，一个令人意想不到的漂亮纹样就做好了，这种魔术般的惊奇感让人很兴奋。

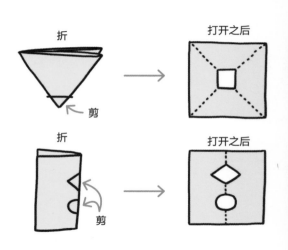

初级纹样剪纸
— 初雪 —

江户时代十分流行的雪花结晶图案。在初雪的季节，气温还没有那么低，似乎可以看到雪花精美的结晶。这个纹样的灵感就是来源于此。

1 折纸

把正方形手工折纸（边长15cm）折三次。按照本页最下面的"折纸方法"来折。纹样剪纸有各种折纸方法，本书中的剪纸教程（p.17~19）使用的都是同样的三折法。

2 固定纸样

把纸样复印后剪下来，叠放在折好的手工折纸上。用回形针等固定一下，防止剪的时候纸样移动。

3 剪开

把白色部分和彩色部分分开。剪的时候注意不要让纸样错位，慢慢地仔细地剪。

4 展开

剪好后拿开纸样，把剪完的折纸慢慢打开。打开的时候动作要轻，注意不要扯坏线条比较细的部分。

〔纸样〕

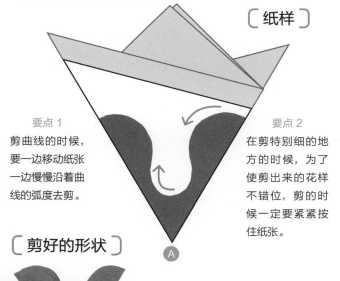

要点1
剪曲线的时候，要一边移动纸张一边慢慢沿着曲线的弧度去剪。

要点2
在剪特别细的地方的时候，为了使剪出来的花样不错位，剪的时候一定要紧紧按住纸张。

〔剪好的形状〕

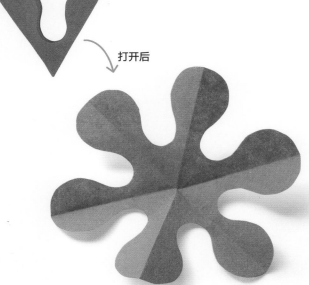

打开后

折纸方法（P.17~19通用）

① 把折纸沿对角线对折成三角形后再对折一次，然后展开，中间有一条折痕。

② 将纸样的尖角Ⓐ和步骤①中折出的折痕对齐，用回形针夹住纸样和折纸。

③ 翻转过来，沿着纸样的边向后折。

④ 把纸再翻转一次，将底边沿左侧折叠，使其具有与纸样相同的形状。

这样就完成了！

剪刀达人

3-2 试着剪剪更难的纹样吧

完成了初级纹样，再来挑战下稍微有点难度的形状吧。

将纸折三次，与纸样叠放在一起，方法和初级纹样的折法是一样的。

中级纹样剪纸
— 酢浆草 —

酢浆草是一种生长在路边的植物。因为该植物由三枚过似心形叶片组成的形状十分可爱，所以自平安时代起就是很受欢迎的图案。此外，因为酢浆草还是一种遭遇风吹雨打都能顽强生存的植物，所以这个图案也被人们寄予了"子孙繁盛"的愿景。

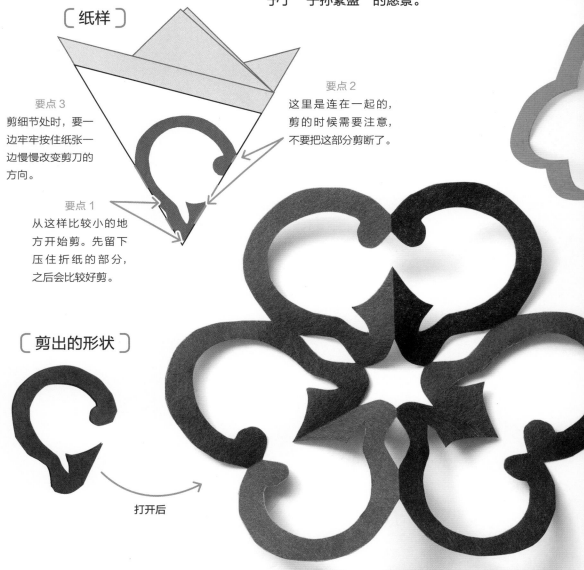

〔纸样〕

要点3
剪细节处时，要一边牢牢按住纸张一边慢慢改变剪刀的方向。

要点2
这里是连在一起的，剪的时候需要注意，不要把这部分剪断了。

要点1
从这样比较小的地方开始剪。先留下压住折纸的部分，之后会比较好剪。

〔剪出的形状〕

打开后

高级纹样剪纸
— 三椿车 —

这个图案是由三朵山茶花（椿）围成一圈的形状，用来比喻车。山茶花自古以来就被认为是具有神奇力量的植物，在江户时代还十分受将军和武士的喜爱，被培育出了很多品种。

〔纸样〕

要点 1
角要一点一点剪出来。如果一下没剪开的话也不要强行撕开。

要点 2
细的地方注意不要剪断了，要一边牢牢按住纸一边一点一点地剪。

要点 3
最后再剪掉这1mm 左右的细细的叶脉（叶子的梗）。

〔剪出的形状〕

打开之后

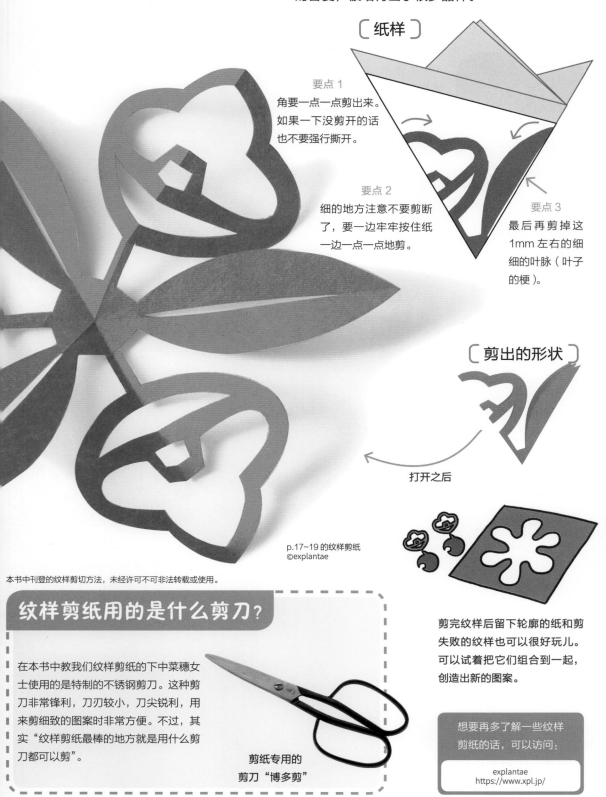

p.17~19 的纹样剪纸
©explantae

纹样剪纸用的是什么剪刀？

在本书中教我们纹样剪纸的下中菜穗女士使用的是特制的不锈钢剪刀。这种剪刀非常锋利，刀刃较小，刀尖锐利，用来剪细致的图案时非常方便。不过，其实"纹样剪纸最棒的地方就是用什么剪刀都可以剪"。

剪纸专用的
剪刀"博多剪"

剪完纹样后留下轮廓的纸和剪失败的纹样也可以很好玩儿。可以试着把它们组合到一起，创造出新的图案。

想要再多了解一些纹样剪纸的话，可以访问：

explantae
https://www.xpl.jp/

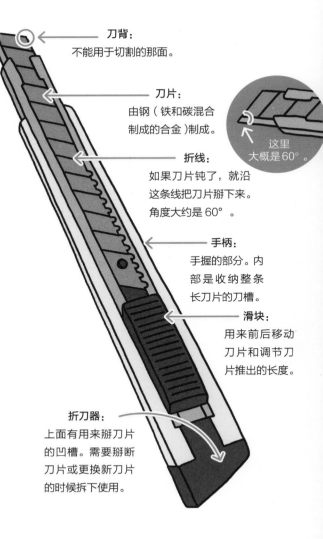

刀尖：
刀片最前端的尖部。切割时一般使用这个部位。

刀背：
不能用于切割的那面。

刀片：
由钢（铁和碳混合制成的合金）制成。

这里大概是60°。

折线：
如果刀片钝了，就沿这条线把刀片掰下来。角度大约是60°。

手柄：
手握的部分。内部是收纳整条长刀片的刀槽。

滑块：
用来前后移动刀片和调节刀片推出的长度。

折刀器：
上面有用来掰刀片的凹槽。需要掰断刀片或更换新刀片的时候拆下使用。

什么是美工刀？

我们在生活中经常用到的那种可更换刀片的刀就叫作美工刀（cutter knife）。以前也被叫作小刀、袖珍刀等，因为可以把用钝了的刀片直接掰下来换掉，所以这种叫作"cutter"的刀渐渐得到广泛使用。如今，在日本提到"cutter"这个名字，大家都知道指的是可以把刀片掰下来的小型美工刀。不过，这一用法其实是日式英语。从广义上讲，"cutter"这个单词有"切割工具"的含义，在其他国家并没有把美工刀称为"cutter"或"cutter knife"的叫法。英语里一般将其称为"utility knife"。

美工刀

任何时候都很锋利

美工刀的特点是，可以把用钝的刀片掰下来，继续使用锋利的新刀片。为了方便更换新刀片，刀片正面刻了折线。将美工刀底部的折刀器拆下来插在刀片上，就能安全地沿折线将用钝的刀片轻松地掰下来。

推出要掰下的刀片。

拆下折刀器。

将折刀器插在刀片上。

用大拇指牢牢按住刀片，沿着折线弯曲刀片把它掰下来。

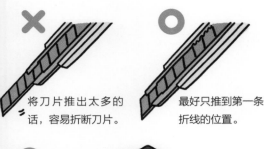

将刀片推出太多的话，容易折断刀片。

最好只推到第一条折线的位置。

紧紧握住手柄。

美工刀的正确使用方法是？

美工刀的刀片可以沿折线掰断，如果把刀片推出太多，一使劲就有可能不小心弄断刀片。切割纸时只需推出一片刀片即可。如果美工刀使用的是固定螺帽式滑块，一定要把螺帽拧紧。还有，使用完毕后，一定要把刀片收回。虽然美工刀是一种十分便利的工具，但如果没有正确使用，就会变得非常危险。任何时候都要冷静和谨慎地使用它。

更换刀片的方法

两手放在桌面上，找到稳定的姿势再进行更换。需要拿刀片的时候，一定要拿刀背的部分（防止被割伤）。

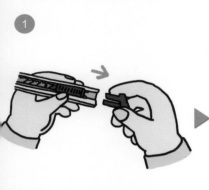

① 和掰断刀片一样，先拆下折刀器。

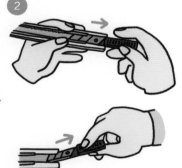

② 慢慢将滑块推下来，将其从手柄内的刀槽里拉出。

③ 要将拆下的刀片放到玻璃瓶或易拉罐里！要遵守当地的规定哦。

从滑块上拿下变短的刀片。

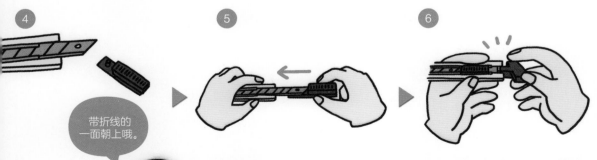

④ 带折线的一面朝上哦。

将新刀片推入刀槽。有小孔的部分先留在外面。

⑤ 将滑块上的凸起插入刀片上的小孔里，然后慢慢将滑块推入刀槽。

⑥ 把折刀器安装回原处。使用固定螺帽式滑块的美工刀也基本同理。

21

美工刀达人

①要安全切割！

握刀的正确姿势是?

如果是在书桌上使用美工刀，一定要在书桌上垫上切割垫板等工具。这不仅是为了保护书桌，也是为了保护刀片。要将桌上放的纸张按直线切割时，基本的握刀姿势是大拇指、中指、无名指和小指四根手指握住美工刀，食指按住刀背（上部）。注意握刀不要太用力，这样才能切得更好。

基本的握刀姿势

食指按在刀背上，可以让刀尖保持稳定，不会晃动，确保可以笔直切割。

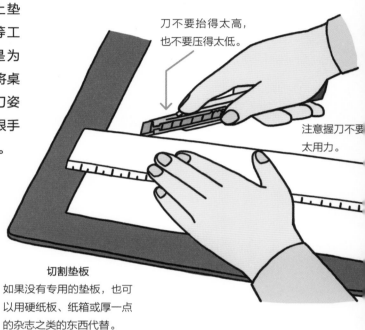

刀不要抬得太高，也不要压得太低。

注意握刀不要太用力。

切割垫板
如果没有专用的垫板，也可以用硬纸板、纸箱或厚一点的杂志之类的东西代替。

"握笔式" 握刀的姿势

如果需要切割出曲线或切割细小物体，就用大拇指、食指和中指握住刀，刀尖向下，就像握笔那样。这种姿势可以用刀尖进行很细致的操作，如果需要刻纸或橡皮章，推荐使用这种姿势。

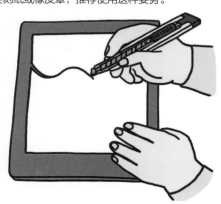

握刀的姿势

要把对折的纸裁成两张或是需要削铅笔时，可以把刀片稍微多推出来一些，将刀翻过来，用大拇指、中指、无名指和小指握住刀，食指按在刀的表面，从自己的方向朝外推动刀片。

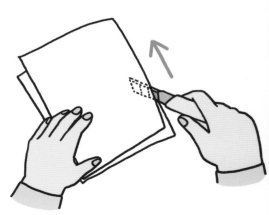

直线切割的技巧

〔 使用尺子厚的一边 〕

如果用尺子薄的一边贴着美工刀，割的时候刀片很容易滑到尺子上。割的时候一定要用尺子厚的那边（垂直的一边）贴着刀片，牢牢按住尺子，防止尺子移动。

〔 不要一次割到底 〕

如果割的是比较厚的纸，就会不自觉地更用力，但如果太用力，就有可能偏离要割的直线或者割到尺子上。减小力度，可在同一个位置多划几次，一点点加深割的深度。

在同一个地方划2~3次

曲线切割的技巧

〔 转动手腕 〕

切割曲线时，在转弯的地方要放慢速度。一边确认刀刃的方向，一边沿着要割的路径下刀，割的时候不要移动刀尖，要通过转动手腕来控制刀尖的方向。

〔 转动纸张 〕

让美工刀始终朝着自己的方向移动，这是基本原则。如果想改变切割的方向，可以先把刀放在一边，转动纸张，将其调整到方便切割的方向。

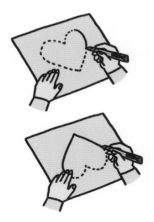

切割之前一定要检查！

 是否铺了切割垫板？

 刀片有没有破损？

 是不是把刀片推出来太多了？

 手放的位置安全吗？

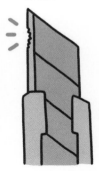

美工刀达人

❷挑战制作橡皮章

基本姿势是握笔的姿势

来挑战一下制作橡皮章吧。美工刀的刀尖朝下，用握笔的姿势拿着刀，切掉细小的地方。一定要选择尺寸适合自己手大小的美工刀。

需要准备的东西

· 美工刀　· 切割垫板
· 用来刻橡皮章的橡皮
· 黏土橡皮或湿纸巾
· 硫酸纸　· 紫色墨水　· 图案

[· 自动铅笔
　· 美工刀等]

制作方法

1　用黏土橡皮或湿纸巾清理橡皮表面的碎屑。

2　在要雕刻的一面涂上紫色墨水。这样一来，割掉的地方就会变成白色，方便观察雕刻的情况。

3　用铅笔将图案描在硫酸纸上，记得在图案外侧约 1mm 处用直线画出切割线。将硫酸纸按在橡皮上，用手指摩蹭，把图案转印到橡皮上。

切割线

印章与图案的方向相反

刀尖要保持倾斜大约 45°。

4　沿着图案外的切割线切割橡皮。切短边时缩短刀刃，切长边时就把刀刃推长一点，垂直向下切，刀刃碰到切割垫板后，再把刀往自己的方向拉。

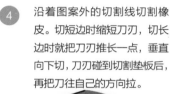

5　把涂上了紫色墨水的部分都切掉，不要有残留。首先从图案外侧的一圈开始切。像拿铅笔那样拿着刀，同时用拿刀那只手的无名指和小指按住橡皮。用刀尖朝着自己的方向削过来。削曲线的时候，一边转动橡皮一边削。如果把橡皮放在桌子上，就无法根据需要灵活转动橡皮，所以要用另一只手拿着橡皮。

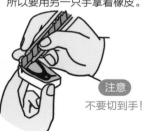

注意
不要切到手！

6　橡皮章上凹陷的部分，需要一边转动橡皮，一边沿着图案的轮廓下刀，大概割到 2mm 的深度就可以。

7　眼睛白色的部分要用刀尖挖掉，这里使用刻刀就可以轻松完成。最后把肚子的部分挖掉就大功告成了。

完成！

三种雕刻技巧

用美工刀割圆形

将美工刀的刀尖斜着插入橡皮，然后将橡皮转一圈，割出圆形。

▼

挖线条的时候要用刻刀

使用三角刻刀。如果是细线条，就把刀放倒，浅浅地挖过去，粗线条则要把刀稍微立起来，挖得深一些。

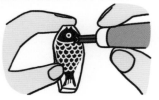

▼

用自动铅笔刻小圆点

如果需要刻小圆点，只要用自动铅笔的笔尖在橡皮上扎出圆形小坑就行了。

各种橡皮章图案

切割线在图案外围 1mm 左右的地方。

使用不同颜色的印台也很有乐趣哦！

橡皮章不能叠在一起保管

橡皮章如果保管得当，是可以反复使用的。每次用完后都要认真清理掉印章上残留的油墨和碎屑，然后垫上纸巾或纸，放到箱子等容器里妥善保存。注意不要让多枚橡皮章粘到一起。

美工刀图鉴

按照使用目的区分

使用美工刀时，最重要的就是要根据用途选择适合的类型。美工刀有各种尺寸和形状，刀刃的大小和厚度也各有不同，适合的用途也会有所不同。用小号美工刀切厚的硬纸板会很危险，而用大号美工刀厚厚的刀刃来进行精细的切割则会很不方便。大家一定要根据自己要切割的物品来选择适合的美工刀。

常用尺寸

小号美工刀　刀片宽度大约 9mm，厚度大约 0.38mm。适合切普通的纸等比较薄的东西。

中号美工刀　刀片宽度大约 12.5mm，厚度大约 0.45mm。既可以切薄的普通纸张，也可以切厚一点的硬纸板。

常用尺寸

大号美工刀　刀片宽度大约 18mm，厚度大约 0.5mm。用来切硬纸板非常轻松，切薄木板也没问题。

宽大、不易弯折的高强度刀片

特大号美工刀　刀片宽度大约 25mm，厚度大约 0.7mm。即使是很厚的东西也可以安全放心地进行切割。

刀片不能掰断的类型
适合害怕掰刀片的人。刀刃不易生锈，可以长期保持锋利。

设计用刀
方便观察切口，刀刃薄且角度也很尖锐。

木工用刀
硬纸板自不用说，连石膏墙和石膏板都可以切割。

圆形刀片美工刀
对于布料和薄塑料布等难以切割的材质，用这种圆形刀片在上面来回滚动就能轻松切割。

专用美工刀的特殊用途

做剪报
在裁剪报纸和杂志时，可以只裁剪这一张纸而不破坏下面的纸张。

随手使用

需要用刀随手割开什么东西的时候非常方便使用的迷你尺寸。

切硬纸板

刀片上有锯齿，非常适合用来对硬纸板箱进行拆封、挖洞等操作。

开袋
把刀头插进袋口，像用订书机那样按住，然后朝自己想打开的方向拉开就可以了。

开信封
把"小鸟"的尾部插进信封开口的缝隙里，然后轻轻往前推，就能把信封拆开了。

割绳子
把嘴形刀片挂在绳子上，拽几下刀就能把绳子割断了。

想试着用用这样的美工刀

鼠标形美工刀
这种美工刀要按一下按钮才会弹出陶瓷制小刀片，即使是小孩子也可以安全使用。而且，刀片还可以旋转到你想要的方向，即使不移动手腕和纸张，也可以轻松切出圆形和曲线。

虚线美工刀
拿着刀在纸上滚一滚，就能轻松割出虚线（切割线）。不仅如此，需要在便条本或笔记本上刻出切割线的时候，只要使用这种刀就可以立刻轻松地刻出漂亮的切割线。

圆规形美工刀
就像圆规可以画圆那样，这种刀也可以切割出漂亮的圆形。圆形的大小也可以自由调节。在薄纸、硬纸板和布料上都可以使用。做手工时如果有这种刀会方便很多。

一定要了解的小·知识

随身携带切割工具时一定要注意！

按照日本法律，如果没有充分的理由，禁止随身携带刀具。即使没有目的，仅仅是"无意"中携带，也不允许将刀刃暴露出来。这样规定的理由是，手持刀具的人有可能会误伤到他人，或卷入不必要的纷争。即使是有需要在学校使用或是在朋友家一起做手工等正当理由，也一定要将刀具放进收纳盒或铅笔盒，然后放进包里才行。

可掰断刀刃的美工刀的诞生故事

如今在全世界被广泛使用的"可掰断刀刃的美工刀",其实是由日本人发明的。1931年出生于大阪市工厂家庭的冈田良男,受到某种物品的启发,发明了这种美工刀。

从小就十分喜欢做手工的良男,经常会用到剪刀和美工刀等工具。

好!做好了!

哇!哥哥好厉害!

哥哥给我也做一个吧!

1944年,良男10岁,他居住的地方在战争中遭受袭击,一家人来到和歌山县的白滨避难……

我要退学去工作。

谢谢,这样真是帮家里大忙了。

喂!把那个拿过来!

良男的第一份工作是实习电工。这个时期,良男学会了各种工具的使用方法。

是!

之后,进入印刷公司工作的良男注意到了一个问题。这时是1956年。

居然用这么危险的剃须刀来切纸……

而且,这种刀片只能使用两端的部分,用不了多久就要丢掉……

太浪费了!

有一天，良男在路边发现了一位鞋匠。

他在使用玻璃碎片……

原来如此！把用钝的部分去掉，就还能继续使用！

没错！
就像外国军人拿的那种巧克力一样，如果在刀片上也加上这种折线……

只要把用钝的部分掰掉，刀片就能一直像新的一样！

良男立刻开始着手制作样品。

每天下班后，他都要忙到很晚。

为了实现自己的梦想，他去图书馆查阅各种资料，还咨询了许多专家的意见。

就这样，他制作出了"OLFA 1 号"！

成功了！

刀片的长度和大小·都成为世界标准

1956 年，世界上第一款可以掰断刀片的美工刀"OLFA 1 号"诞生了。这是冈田良男的经验与灵感孕育的结晶。之后，冈田良男创立了自己的公司（之后的爱利华株式会社），与员工们一起思考，确定了使用起来最方便的刀片长度、大小、厚度、角度、折线深度等标准。这些标准一直沿用至今，并成为全世界刀具公司的参照。

世界上第一款可以掰断刀片的美工刀"OLFA 1 号"

如果没有剪切工具的话

我现在想切"这个"！但是，如果既没有剪刀也没有美工刀，该怎么办呢？

重点在于石头的选择，在找石头的时候，要尽量找薄一点的片状石头。

用石头制作刀

就像石器时代那样用石头来制作刀呢！

1 找一块用来做刀的石头，放在大石头上，用更硬的石头把它敲断。

2 这样敲几次之后，就会出现一块边角比较锋利的石块。

这个！

3 打磨石块。在一块平坦的石头上，一边淋水一边来回打磨石块，把刀刃磨薄。

完成！

※ 敲断石头的时候，小而锋利的石块会飞起。务必戴上工作手套和护目镜，并与成人一起进行这项活动。

裁纸

〔用手撕，做出折线〕

可以直接用手撕纸。在同一个位置正反方向反复折几次，做出折线，然后把纸摊平，两只手分别拽着纸的左右两边，就能将纸撕开了。如果是可以沾水的纸，那么也可以用手指沾点水，轻轻涂在折线的位置，被水沾湿的地方很容易就可以撕开。

〔用尺子压着撕〕

想要沿直线切割的话，可以用尺子压在纸上，沿着尺子去撕。沿着尺子比较薄的一边去撕的话会更好撕。

〔用针戳出小洞〕

还有一种方法是用针或者撕裂器扎出很多个洞。这么做的话，这些小洞会变成一条切割线。

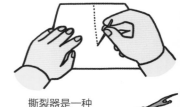

撕裂器是一种可以解开针脚的工具。

剪标签

〔绕在铅笔或钢笔上转〕

很多衣服上的标签都是用结实的尼龙绳挂起来的，我们可以用铅笔或钢笔来把挂绳弄断。只要把笔杆插入挂绳的圈里，然后不停地转动笔杆就行了。做起来意外地简单呢。

不停地转动。

〔用手指抓着转〕

如果是要取下新买的袜子上带的那种标签，那就更简单了。只要用手指抓住标签塑料扣比较大的一端，把袜子转几圈就行了。不过，这样取标签的话很容易让袜子飞出去，要注意下周围的环境哦。

捏住

开零食袋

对于不好撕的零食袋子，可以用两枚硬币来开。左手用大拇指按住硬币，右手用食指按住另一枚硬币，把两枚硬币的边缘挨在一起，朝相反方向拉，就能轻松撕开袋子了。使用这种方法，在开口以外的地方也可以轻松将包装袋撕开。

薯片

割绳子

不管是布绳还是塑料绳，都可以用这种方法割断。在想要割断的位置做个记号，用两只脚踩住绳子两侧，把绳子中间稍微拉起来一些。然后拿另一根绳子从下方穿过，用两只手抓住绳子两端，在刚刚做好记号的位置来回拖拽，这样就能通过摩擦来割断绳子了。

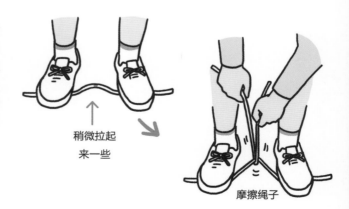

稍微拉起
来一些

摩擦绳子

做记号

装帧　chocolate.（鸟住美和子）
插图　伊藤美树　大野直人 (p.28 ～ 29)
摄影　chocolate. 向村春树（p.10 ～ 11）
　　　Eri TANABE(p.16 ～ 19)
编辑　WILL（秋田叶子）　桥本明美

采访协助
PLUS Corporation.
OLFA CORPORATION.
HASEGAWA CUTLERY CO., LTD. (p.10 ～ 11)
Explantae Co., Ltd.　下中菜穗 (p.16 ～ 19)
津久井智子 (p.24 ～ 25)

画像和资料提供
AKEBONO CO.,LTD.
h concept Co., Ltd.
Greenbell Co., Ltd.
Fujiwara Sangyo, Inc
Misuzu Shears & Scissors Co., Ltd.

BUNBOGU WO TSUKAIKONASU <2> KIRU DOGU
Edited By: Froebel-kan
Copyright © Froebel-kan 2018
First Published in Japan in 2018 by Froebel-kan Co., Ltd
Simplified Chinese language rights arranged with
Froebel-kan Co.,Ltd., Tokyo, through Bardon-Chinese
Media Agency
Simplified Chinese Translation © 2022 United Sky (Beijing)
New Media Co., Ltd.
All rights reserved.

未小读
UnRead Kids
和世界一起长大

未读CLUB
会员服务平台